机械工程时间轴

自古以来，工程师们一直都在尝试各种新发明、新技术。下面就来看一看从公元前 530 年开始，关于工程都发生过哪些变化吧！

1903

第一次飞行

莱特兄弟驾驶着有动力的、可操控的飞机，完成了人类历史第一次有人驾驶飞行。

1908

人人都能买得起的汽车

美国商人亨利·福特使用批量生产的零件，制造了福特 T 型汽车。

福特 T 型汽车，1911 年

1914

巴拿马运河

工程师约翰·弗兰克·斯蒂芬斯设计了巴拿马运河修建工程，这是一条连通大西洋与太平洋的巨大水路重要航道。

1956

智能机器

美国人乔治·德沃尔制造了“尤尼梅特”，这是人类历史上第一个工业机械手臂。

“尤尼梅特”2000B 机器人

1969

月球登陆

人类在月球登陆。

在月球上的阿波罗 11 号宇宙飞船。

1998

ISS

ISS（国际空间站计划所属航天器）被发射到了近地轨道。

2012

火星探测车

天空起重机把“好奇号”探测车放到火星表面。

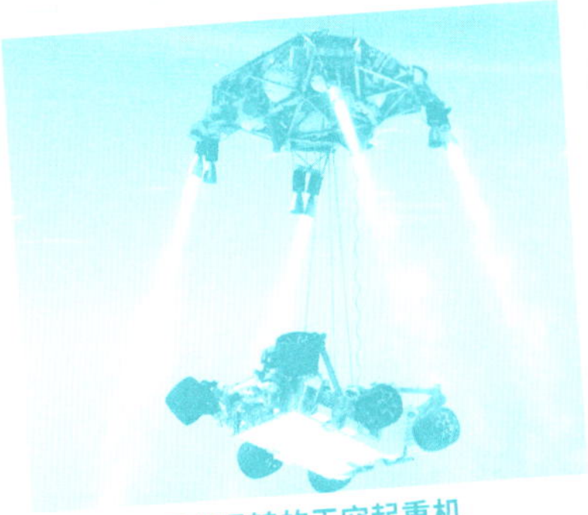

正在运转的天空起重机

2016

太阳能电池板

能够收集太阳能的板片，第一次被大规模生产。

我想了解的东西：

DK 小科学馆

工　程

英国 DK 公司　编著　　韩魏　译

中信出版集团 | 北京

图书在版编目（CIP）数据

DK 小科学馆 . 工程 / 英国 DK 公司编著 ; 韩魏译 . --
北京 : 中信出版社 , 2020.12（2021.6 重印）
书名原文 : DK Findout! Engineering
ISBN 978-7-5217-2596-4

Ⅰ . ① D… Ⅱ . ①英… ②韩… Ⅲ . ①科学知识一儿童读物 ②工程技术一儿童读物 Ⅳ . ① Z228.1 ② TB-49

中国版本图书馆 CIP 数据核字（2020）第 255693 号

DK小科学馆 · 工程

编　　著：英国DK公司
译　　者：韩魏
出版发行：中信出版集团股份有限公司
（北京市朝阳区惠新东街甲4号富盛大厦2座　邮编　100029）
承 印 者：当纳利（广东）印务有限公司

开　　本：787mm × 1092mm　1/16　　印　　张：4　　字　　数：100千字
版　　次：2020年12月第1版　　　　印　　次：2021年6月第2次印刷
京权图字：01-2018-7707
书　　号：ISBN 978-7-5217-2596-4
定　　价：36.00元

本书作者为艾米丽 · 亨特。

服务热线：400-600-8099
投稿邮箱：author@citicpub.com

出品　中信儿童书店
策划　红披风
策划编辑　陈瑜
责任编辑　郝兰
营销编辑　马英　谢沐　严婧　刘天怡
装帧设计　颂煜文化
封面设计　哈_哈　李一

For the curious
www.dk.com

3D 打印机

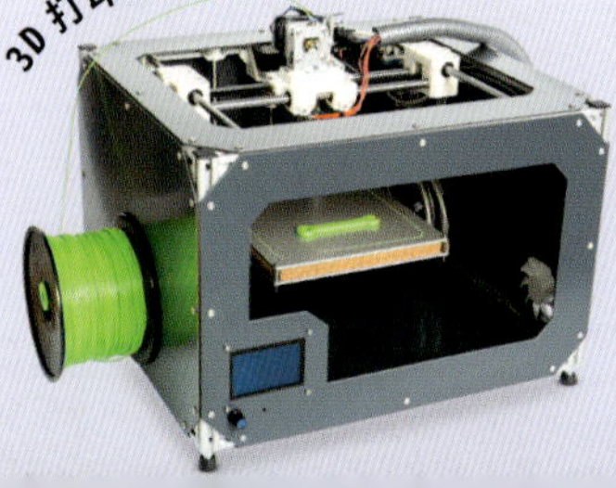

目录

古罗马起重机

无人驾驶飞机

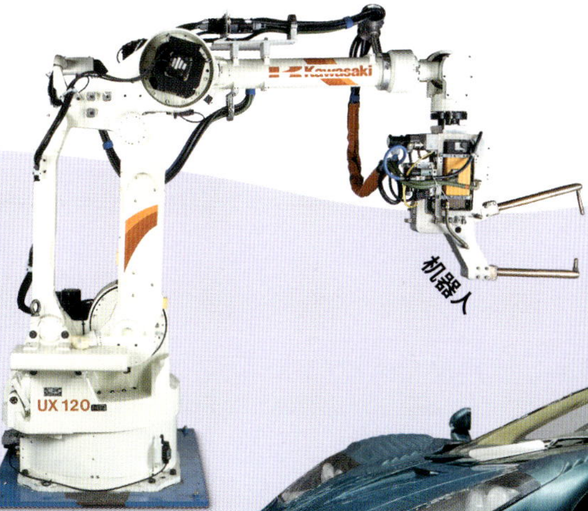
Kawasaki
UX 120
机器人

跑车

摩天大楼

工程师是干什么的？

工程师是解决问题的人，他们运用数学、科学知识来建造东西，范围包括微小的粒子和世界上最高的建筑物。他们发明新技术，让现有技术变得更加完善。

哇哦！

工程师设计、建造了**金字塔**、飞机，还有苹果**平板电脑**（iPad）。

新创意

工程师会将新创意用在新发明中，从而改善现有的设计。这些新创意可以变为治疗疾病的医疗设备、带人类登上火星的宇宙飞船、清洁能源，当然，也可能引发社会动荡。

在风洞中测试设计好的奥运会自行车

正在飞机发动机旁工作的机械师

创意想法

作为一名工程师，意味着要提出方案解决难题。工程师运用他们所钻研过的数学、科学知识来设计改变人类生活的新系统、新产品，从防震建筑到医治绝症的疗法都包含在内。

无处不在的工程师

如果你热爱冒险，那充满刺激与挑战的机械工程对你来说再适合不过了。工程师可以在电脑上完成新设计，然后到各地建造它、测试它。工程师的工作地点可能是在喷气式飞机发动机旁，也可能是在风力涡轮发动机顶部、海底乃至太空中。

一位工程师正在国际空间站工作

在桑给巴尔海滩上测试海底电力电缆

世界各地

各个国家都能发现工程师的身影。无论是在哪里工作，当他们面临建筑材料、建筑景观等难题时，总能找到创造性的、可行的方法来解决。

如何成为一名工程师?

在学校时，你需要学习很多以后会用到的数学、科学知识。然后，进入大学攻读机械工程专业。最重要的是，要不断尝试解决问题的新方法!

早期工程师

古代的工程师只有简单的工具可以使用，但是他们却建造出了世界上极具盛名的建筑，从古埃及金字塔到古希腊帕特农神庙，都包含在内。古代人发明过一些简单器械，比如杠杆、起重机和钟等。

哇哦！

最早的城市在公元前 4000 年左右建成。

古罗马起重机

起重机使用滑轮组来抬运重物。搬运重物时，使用绳索拉要比用手抬更方便。古罗马人在修建建筑（比如斗兽场）时，就是借助起重机来抬石头的。

沉重的石头，可以由挂钩吊起。

古代的钟

水钟是最古老的报时方法之一。因为水从一个水槽滴入另一个水槽时，所消耗的时间是相同的，因此可以用来测量时间。

当水上涨时，指针就会转动。

有用的杠杆

杠杆是依赖于“支点”的杆。用杠杆推、举重物更轻松。独轮手推车以车轴作为支点，长把手则起到了杠杆的作用。独轮手推车是公元前 220 年左右由中国人发明的。

双轮战车

车轮大约是在公元前 3500 年被发明出来的。起初，车轮很沉重，只能用在缓慢移动的货车上。到了约公元前 1600 年，古埃及人发明了快捷的战车，可以驾马拉战车参战。一个士兵驾车，另一个士兵射箭。

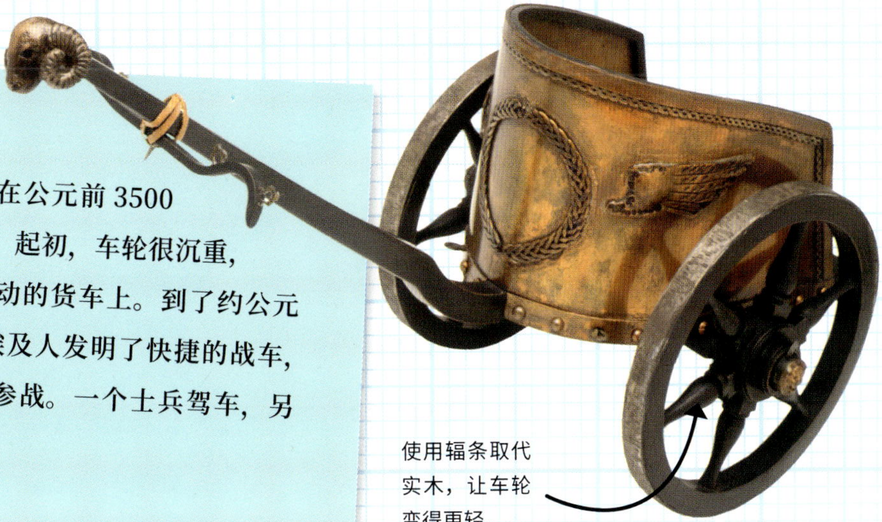

提水工具

阿基米德螺旋泵是古埃及人发明的提水工具。它的管道内安装有木质螺旋，使用时，一端浸入水中。当摇柄转动起来后，水就会被卷入螺旋，升到顶部。

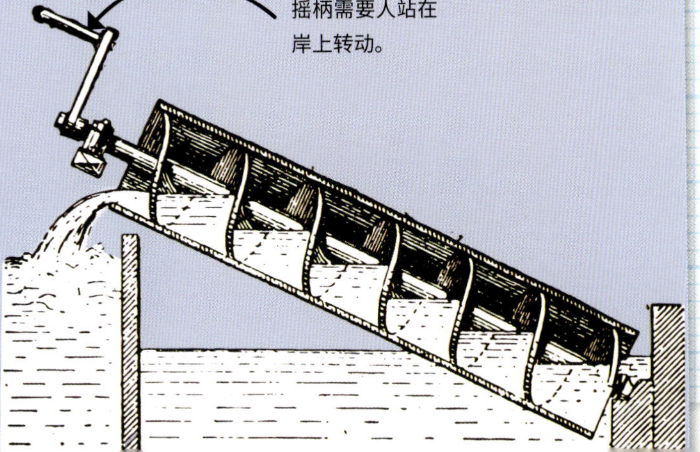

列昂纳多·达·芬奇访谈录

天才发明家

列昂纳多·达·芬奇是世界闻名的艺术家之一，他画过《蒙娜丽莎》，同时也是一位自学成才的工程师，他对从人体到军事器械的万事万物如何运作都非常着迷。接下来，我们来想象一下对达·芬奇的采访会是什么样吧。

信 息 卡

» **姓　名：**列昂纳多·达·芬奇

» **生卒年：**1452—1519

» **出生地：**意大利，芬奇镇

» **有趣小知识：**达·芬奇喜爱动物。他曾买来笼子里的鸟，并把它们放飞。

问：您是在多少岁的时候成为工程师的？

答：我到 30 岁时才开始从事机械工程方面的工作。此后 17 年，我一直在意大利的米兰城邦担任军事工程师。

问：您是怎么找到第一份工程师工作的？

答：15 世纪 80 年代，米兰城邦与威尼斯城邦交战，米兰人正需要帮助。我给斯福尔扎公爵写信，告诉了他我的军事发明，比如大炮。他深爱我的这些发明。

问：当时，您已经是艺术家，为什么会喜欢机械工程？

答：设计奇特的机器，和画人、画风景一样，特别有意思。我能够动用绘画、设计技巧来完成我的机械工程项目。还有，在 15 世纪，工程师赚得比艺术家多。

问：您最喜欢的项目是什么？

答：我设计过武器，比如坦克、投石机、潜水艇和机关枪，我也下功夫改进了杠杆、传送装置和起重机，但我最喜欢的发明，还是飞行器、水底呼吸器这些。

达 · 芬奇设计过一种降落伞，它由木头、布匹做成。

2000 年，由达 · 芬奇设计的降落伞终于制成，降落伞从 3 千米高空安全飘落下来。

问：有人说，您设计过自动化机器。这是真的吗？

答：是的！1495 年，我想出了计划，并设计了可以上发条的、自动化的三轮机器。可惜，最终我没有将它落实。

问：作为一名工程师，您觉得自己最大的缺点是什么？

答：我很容易被新的创意分心，以至于留下了很多项目都没有完成。我只完成了 17 幅画作。

问：您认为，作为一个好工程师，最重要的技能是什么？

答：创意和想象力！工程师必须要去考虑已经启动的项目如何在未来做得更好。

问：您有做失败的项目吗？

答：我设计过一匹巨大的马的雕塑，正要建造时，斯福尔扎公爵却拉走了所有的青铜材料！因为他要用这些青铜买通敌军，让他们不要攻打米兰。

达 · 芬奇设计的这种投石机，像巨大的十字弩。

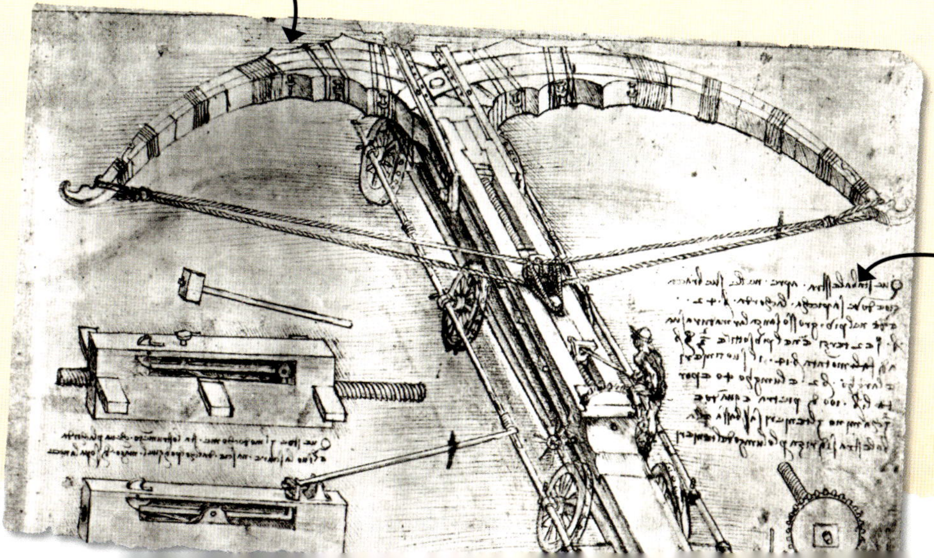

达 · 芬奇为了守住思想的秘密，反着写字。

将答案与问题相匹配。

1 古罗马人是如何将水引进他们的城镇的？

2 如何冷藏食物？

3 如何将风能转化为电能？

4 假如城市里没有了充足的空间，又该如何建造更多的建筑？

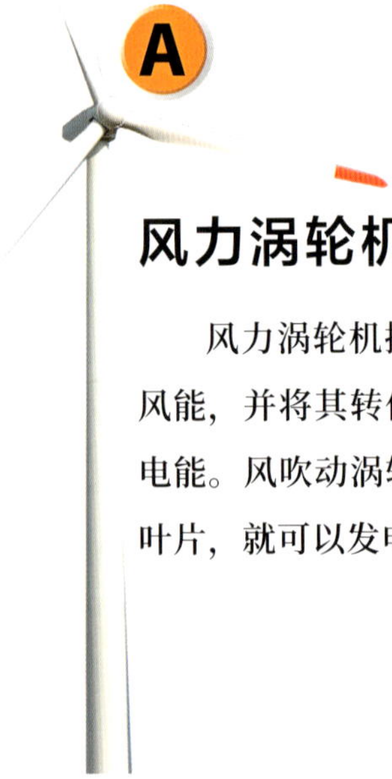

A

风力涡轮机

风力涡轮机捕获风能，并将其转化为电能。风吹动涡轮机叶片，就可以发电。

B

卫星

世界各地的电视直播信号、电话信号都是通过卫星发送的。太空中的卫星与地球上的基站相连，基站收到信号后，再把它们转化为画面和声音等。

哈德孙园区

这个新建筑群修建在纽约铁路线上面。园区包括旅馆、商店、学校、住宅还有公园。

F

解决问题

工程师会考虑我们日常生活中遇到的问题，并努力让我们的生活变得更加舒适、快捷、便利。他们已经帮助我们解决了诸如如何在夏天保持低温、开发自然能源、将食物从农田运送至商店、飞行、探索宇宙等众多难题。请尝试将这些问题跟它们相对应的发明匹配起来。

5

如何往返国际空间站？

6

画面如何在
电视屏幕上显示？

哇哦！

工程师能够为海水脱盐，以供饮用。

D

联盟号飞船

联盟号飞船一次可同时载三人进入太空，当然，它也会携带食物和水。

C

电冰箱

电冰箱通过将一种叫作制冷剂的物质反复地从液态变为气态来工作。这一过程可以让冰箱内部保持低温，使食物得以保鲜。

E

高架渠

人们设计高架渠，是为了把水从山丘缓缓引入城镇。

转变观念

位于伦敦的步话机大楼，楼体曲面反射的阳光曾意外将一辆汽车的一部分烧化，工程师为该建筑设计了保护性阴影来解决这一问题。

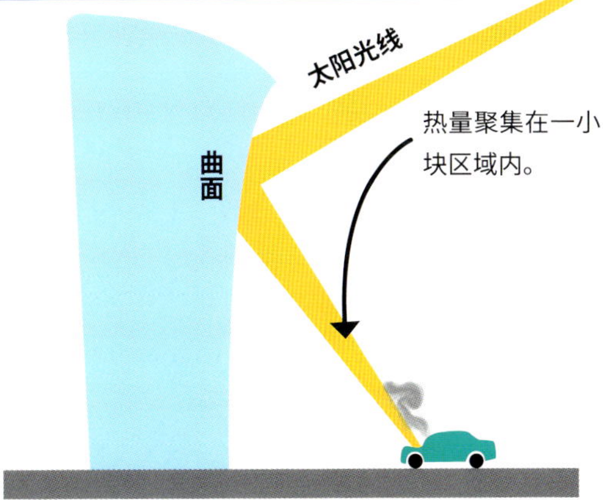

伦敦的步话机大楼

材料

我们周围的所有事物都是由某些东西做成的，这些东西就叫“材料”。工程师在不停地测试、改变、创造着我们日常生活中用到的材料。我们的手机、汽车乃至婴儿尿布，都是用精挑细选的特制材料做成的。

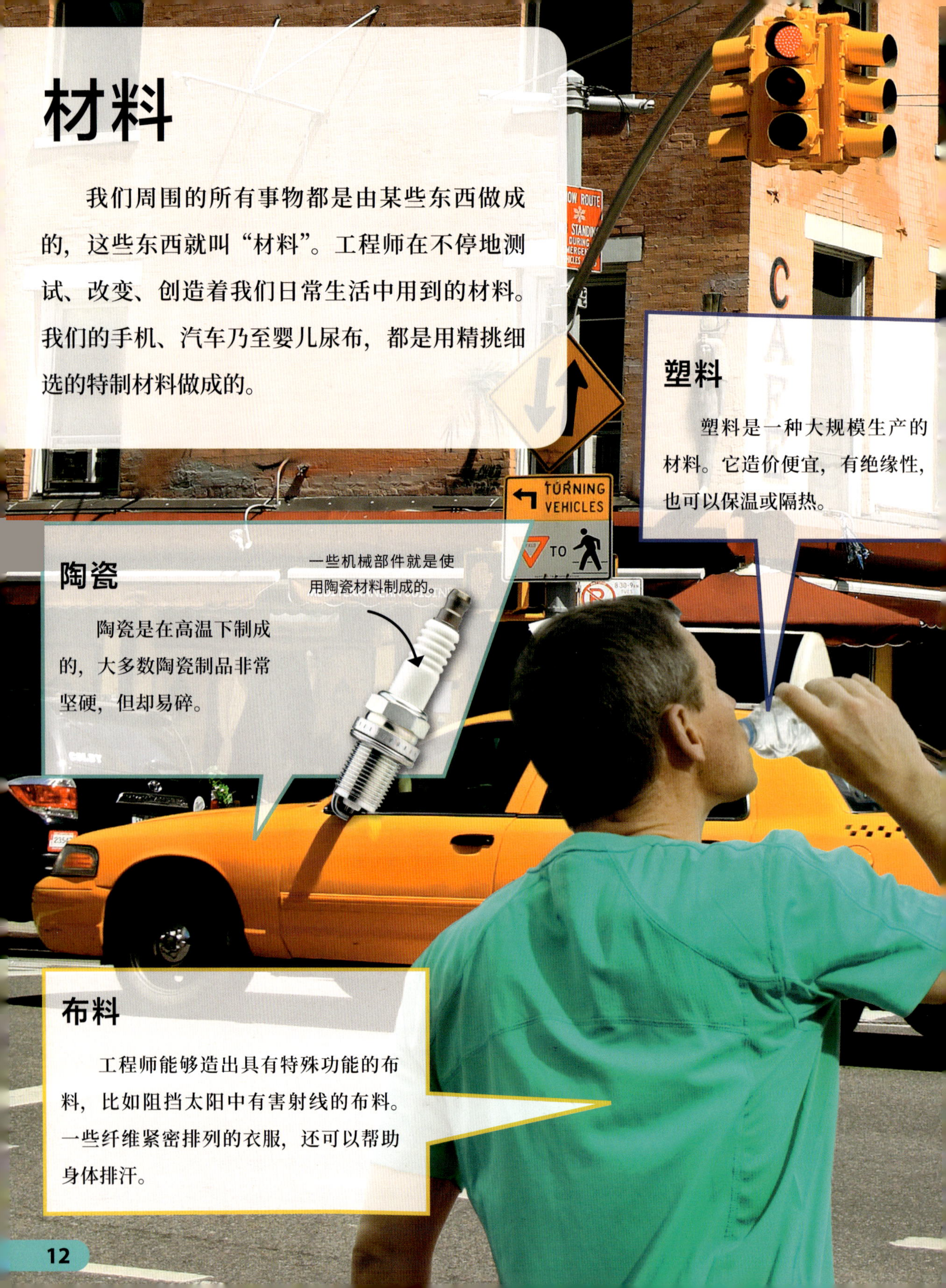

塑料

塑料是一种大规模生产的材料。它造价便宜，有绝缘性，也可以保温或隔热。

陶瓷

陶瓷是在高温下制成的，大多数陶瓷制品非常坚硬，但却易碎。

一些机械部件就是使用陶瓷材料制成的。

布料

工程师能够造出具有特殊功能的布料，比如阻挡太阳中有害射线的布料。一些纤维紧密排列的衣服，还可以帮助身体排汗。

金属

金属具有固体结构，很硬。金属可以延展为不同形状，从楼梯到又细又长的电线。金属导电，也就是说，电流可以从金属内部通过。

复合材料

复合材料是由两种或多种材料混合制成的一种具有新性能的材料。

工程师造出的复合材料既结实又轻便。

木材

木材是一种取自树木的天然材料。工程师会在木材表面涂抹上其他材料，以防其腐烂。世界各地都把木材当作建筑材料使用。

混凝土

楼房、桥梁还有街道等很多建筑物，在建造时都需要用到混凝土。因为它的承重能力强，不会被压垮。混凝土由水泥、石头和水搅拌而成。

机器

机器能够完成那些对人类来说过于微小、庞大、乏味或者危险的工作。有些机器需要由人操纵，比如厨房搅拌机；而有些机器则能够遵循指令，不必由人类操纵就能够自行运转，比如无人驾驶的运输工具。

带有起重臂的挖掘机

一级方程式赛车

发动机

汽车发动机通过燃烧燃料来让车轮运转，速度要比人类快很多。一级方程式赛车使用动力强劲的燃料，速度能达到每小时 372 千米。

起重臂

起重臂利用杠杆与液压动力（液体施加的压力），能比人类举起的重量多很多。

机械臂

机械臂能够准确抓取、举起小部件，所以它们可以用于制造汽车等货物。机器人做几百次相同的动作也不会疲劳或犯错。

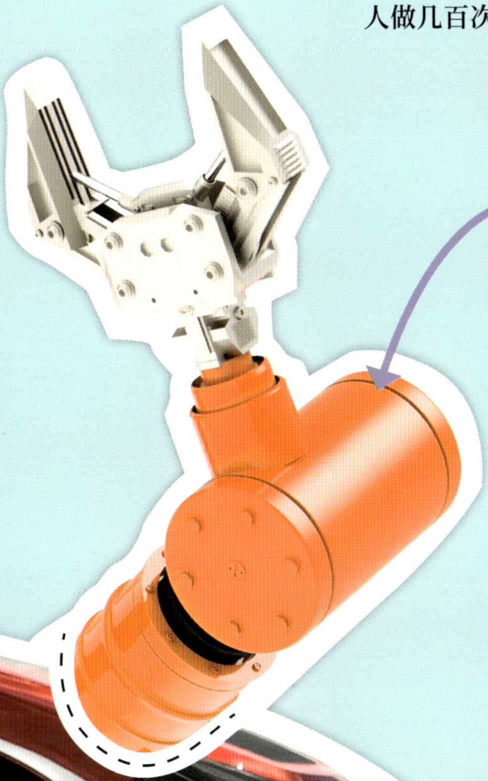

发送包裹

无人驾驶拖拉机

无人驾驶技术让农民能够在家里耕种、收割庄稼！他们只需将指令输入电脑，然后拖拉机就能完成所有的工作。

全自动无人驾驶拖拉机

汽车

人们造出第一辆汽车，距今已超过 120 年了。它叫“奔驰一号”，拥有三个车轮，速度只能达到每小时 10 千米。现代汽车有四个轮子，速度可达每小时 439 千米。工程师们一直都在尝试开发出更安全、更环保、耗能更少的汽车。

符合目的

许多不同的任务都要用到汽车。工程师在设计汽车时，需要考虑到像高速、运载很多人、长途运输重物等特殊需求。

光滑流线型

这辆汽车的车体为光滑流线型，因此空气能轻易流过车体，减少空气阻力，使车跑得更快。

发动机罩

大部分车的发动机都在“发动机罩”这个盖子之下。麦凯伦赛车的发动机罩内有一层镀金，可以保护发动机，避免温度过高。

电池供电

工程师开发出了使用大型可充电电池作为动力的汽车。这些电池可以充电，对环境更有利，因为它们不会排放任何气体。

电动汽车

复杂地形

对于崎岖、颠簸的路面，只有具有特殊设计和外形的汽车才能妥善应付。它们轮胎巨大，使汽车车身远离路面，这样可以更稳定，而且不会被障碍物阻挡。

轮胎

从表面看，轮胎的花纹为细长的凹槽状。这可以让水从凹槽处流过，保证汽车能够抓牢地面。

排气口

排气口用于排放发动机产生的热气。排气管道会尽可能快地排出这些气体。

能源

从烤炉到航天火箭，大多数机器的运转都离不开电力，工程师设计建造了不同的发电站。大型发电站通过燃烧化石燃料，或是使用风能、水能和核能等能源发电，并提供了人类社会所需的大部分电力。

输电网络

铝质电缆将电力从发电站输送到各家各户和各个办公室。这些电缆由“高压输电线铁塔”高举于地面之上。

高压输电线铁塔

化石燃料

煤、天然气、石油都是化石燃料。它们都由受到挤压的动植物残骸演变形成。当它们燃烧时，水温受热上升形成的水蒸气会驱动涡轮机。

水能

下落的流水可以驱动涡轮机发电，工程师因此建造水坝、安装涡轮机来发电。海浪和潮汐也同样可以发电。

风能

刮风时，风力涡轮机的叶片会随风转动并发电大型涡轮机可以产生更多的电能，它们的高度可100 米以上！

太阳能

太阳能电池板由吸收阳光的光电元件组合而成，可将阳光转化为电能。太阳能电池板在阳光充沛、毫无阴云的地方的运行效果最好。

地热能

地热能利用的是地球的天然热量。人们通过把冷水输送至高温的地下，使其变成水蒸气来驱动涡轮机发电。

核能

核能利用的是原子核在分裂过程中所产生的能量，这一过程被称作“核裂变”。它通过核裂变产生的热量将水烧开产生水蒸气，以此驱动涡轮机发电。

火力发电站

火力发电站冷却塔中冒出的白烟，是水沸腾后产生的水蒸气，它们驱动涡轮机发电。

水力发电大坝

大坝将河流拦截后，可产生更高的水压。人们借助水的重量来驱动大坝内的涡轮机。

风电场

成批的风力涡轮机可以称作风电场。它们被建造在人少风强的地方，甚至有一些被建在了海上。

太阳能发电场

单一的太阳能电池板所产生的能量是非常微弱的。太阳能发电场中有大量电池板。

地热能

像冰岛、日本这些地方，地表下面有温度较高的区域，更容易形成地热能。

核能反应堆

6克的核燃料，可以产生约1吨煤燃烧所释放出的能量。不过，能够用作核燃料的铀非常稀少。

机器人

机器人是工程师造的机器，可以完成原本需要人来做的工作、任务，且更有力量、更快、更准确。目前，世界上的机器人数量已经超过 100 万台，它们就在我们身边！

人形机器人

人形机器人的外形、行动像人一样。它们能够使用工具工作，帮助工程师更好地了解人体的运转、活动规律。长着人脸的机器人叫作“仿生人”。

阿西莫是世界上非常先进的仿人行走机器人。它能够像人那样移动，并能够识别人。

机器工人

机器人可以在需要耐心和速度的工作上大显身手，例如造汽车、做手术以及在农场采摘食物等。有些机器人需要人来控制，有些则可以自行工作。

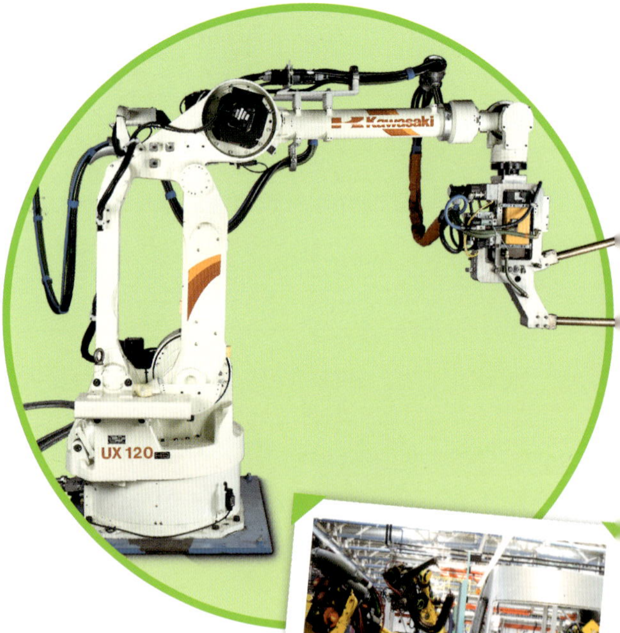

一些机器人在工厂生产线上协作造车。每个机器人会反复做同样的工作。

机械身体部位

工程师已经发明了被称作“假肢”的机械身体部位，它们能够与人体相连。将它们装在身体上后，人们可以用大脑操控它们。

机械手臂可以像真实手臂那样运动。它们由电池供电。

不毛之地

人们可以派机器人前往人类去不了的地方，例如危险的水底、太空、地下等。机器人能够找寻目标、收集数据、拍照等。

柯尔特 1 号，是在下水道工作的机器人——确保下水道一切运行顺利，修复不畅通的地方。

能感受情绪的机器人

机器人与人类最大的区别在于，人类有情绪。工程师已经造出了能够感应人类情绪变化的机器人。其中有一个叫作科斯米的机器人，可以通过脸部动作、声调变化等来回应人类。

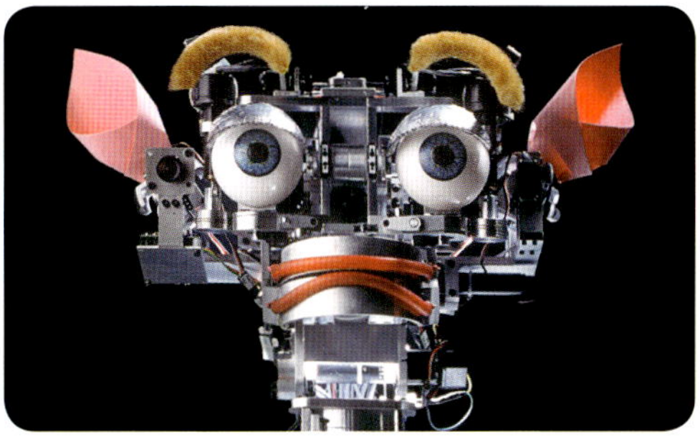

科斯米

那些能干的工程师

我们周围的每一样东西，都源于创意点子。伟大的思考者们一直都在通过构思新发明来改善我们的日常生活。从早期的机械和基础技术，到高耸入云的摩天大楼乃至未来的机器人时代，机械工程行业一直在改变着我们的世界。

乔治·斯蒂芬森

乔治·斯蒂芬森（1781—1848）被誉为“铁路之父”，他设计并建造了第一辆跑得比马快的商业机车——“火箭号”，速度可达每小时 47 千米左右。

一辆正在奔跑的斯蒂芬森“火箭号”机车的仿制品

莉莲·莫勒·吉尔布里斯

工程师吉尔布里斯（1878—1972）改进了美国的厨房布局，提升了家居用品的使用效率。她是第一个入选美国国家工程院的女性。

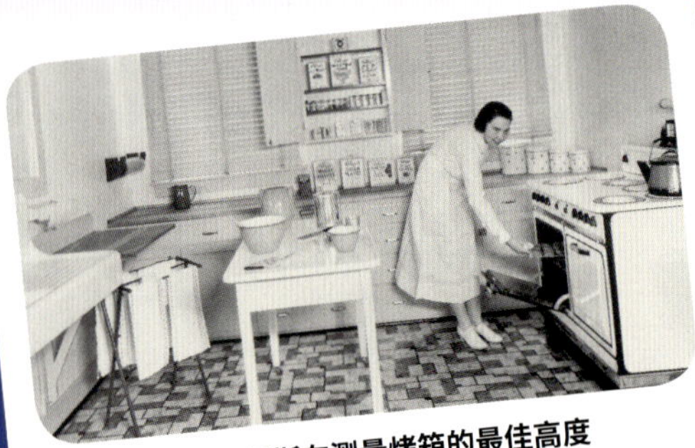

吉尔布里斯在测量烤箱的最佳高度

松冈容子

计算机科学家松冈容子（1972— ）试图采用机器人技术来帮助残疾人，让他们的行动变得更加灵活。她研制的机械手模型，向受大脑控制的假肢技术迈出了第一步。

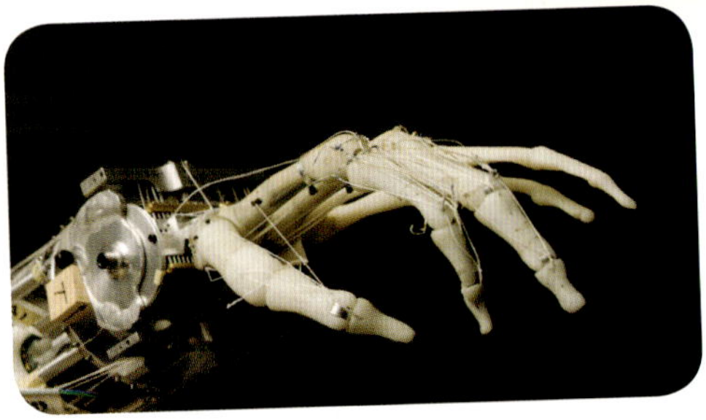

松冈研制的具有开拓性的机械手

伊桑巴德·金德姆·布鲁内尔

工程师布鲁内尔（1806—1859）设计并建造了轮船、桥梁和铁路。他的大不列颠号是第一艘穿越大西洋的安装有螺旋桨的蒸汽铁船。他也参与建造了第一条水底隧道。

大不列颠号

亚历山大·格雷厄姆·贝尔

科学家亚历山大·格拉厄姆·贝尔（1847—1922）曾经做过为聋哑人服务的语言治疗师，后来他发明了电话，第一次实现了使用电线传播语音，而这也改变了我们的交流方式。

一个男人在使用贝尔发明的电话

麦吉·阿德琳－波科克博士

航天工程师麦吉·阿德琳－波科克博士（1968—　）的研究对象是收集气象变化信息的卫星。她还发明了大型双子望远镜，这个望远镜直径达 8.1 米。

位于智利的双子望远镜

! 哇哦！

贝尔的第一条电话消息发送给了他的助手：“沃森先生，过来！我想见你！”

机器之最

这些惊人的机器都极大、极重或极其有力。这意味着它们特别适于去做那些特定的工作，比如起重、运输或钻孔。

巨型钻头

隧道开掘机在地下为公路、铁路开挖巨大隧道。世界上最大的钻头叫作伯沙，能钻出五层楼高的洞。

公路列车

一些澳大利亚内陆卡车能够拉动三节长挂车。这些巨型卡车被称作公路列车，大约有两个篮球场那么长，一次可运输约40头大象那么重的货物！

核潜艇

俄罗斯台风级核潜艇是目前世界上最大的核潜艇。它们长约172米，比5头蓝鲸加起来还要长，能够一次性在水底停留4个月左右，以核能为动力，携带导弹等武器。

超级古比鱼

这架巨大而又怪模怪样的飞机由美国国家航空航天局（NASA）建造完成，用于运输卫星、火箭、小飞机等大型货物。它从前部打开，装货、卸货很方便。

龙门起重机

世界上最大的起重机是泰山牌龙门起重机，目前位于中国山东。它能够搬动重达 19 600 吨的货物，在造船厂负责搬运巨型材料、造船。

强子对撞机

这台用于物理实验的粒子加速器，旨在研究世界是如何诞生的、又由哪些东西组成。这台世界上最大的机器，使用磁铁来“射出”极高速的粒子。它位于瑞士，几乎完全埋在地下。

超级航空母舰

美国尼米兹级航空母舰是目前世界上最大的航空母舰，它在不补充燃料的情况下，可以运载 5 000 多人航行 20 年。它的飞行甲板可以承载 60 架以上的飞机！

过山车车厢

过山车车厢承载乘客，而且上面没有发动机。它依靠爬坡带来的势能所转化出的动能运转。

过山车

工程师将过山车设计得复杂而又细致，从而保障它足够安全、好玩儿。这种刺激性十足的设施是由机械工程师、电力工程师和结构工程师通力合作构思、设计、建造的。

游客大头朝下

哇哦！

美国的京达卡
是世界上最高的过山车，
它的最高点距离地面
139 米！

车轮
车轮防止车厢摇晃、脱轨。

刹车
过山车带有磁性、自动化的刹车装置，保障车厢能够停下。

当你坐在过山车上大头朝下时，你会被不同的力量推拉。重力要“拉”你离开座位，但惯性又在将你“按”在座位上。这就是你会觉得失重的原因。

早期过山车

木质过山车
第一批过山车，被称作“起伏不平的铁路”。它们由木头做成，没有环形道，比现代过山车慢得多，也短得多。

飞行器

最为人们所熟知的飞行器是航空器，包括飞机、直升机、滑翔机和无人驾驶机等。自从莱特兄弟 1903 年首次飞行成功之后，飞机已经有了很大的发展。如今，它们可以到达世界各地。

阿芙罗 504 飞机采用木材制成。

阿芙罗 504 飞机

英国人在第一次世界大战期间使用阿芙罗 504 飞机投弹、暗中侦察。这是一种复翼飞机，即它有两对机翼，一对叠在另一对上面。

信 息 卡

- **年份：** 1913
- **速度：** 每小时约 145 千米
- **有趣小知识：** 阿芙罗 504 飞机是英国皇家飞行团训练飞行员时，使用得最广泛的一种机型。

轻便材料能够让飞机飞得更远。

飞行设计公司的 CTSW 飞机

这种飞机采用轻便、结实的“复合材料”制成，它的油箱非常大。

信 息 卡

- **年份：** 1937
- **速 度：** 每 小 时 约 230 千米
- **有趣小知识：** 印度空军使用这种飞机飞遍了全世界。

转向下方的喷气式发动机可帮助飞机起飞。

霍克“鹞”式战斗机

霍克“鹞”式战斗机能够垂直起飞，它也被称作“垂直起降喷气机”。

信 息 卡

- **年份：** 1969
- **速 度：** 每 小 时 约 1175 千米
- **有趣小知识：**“鹞”式战斗机能够像直升机一样起飞和降落，还可以向后飞，甚至在半空中静止、转向。

罗宾逊 R44 直升机

直升机既可以向上、向下飞，也可以向前飞，可用来救人或运载重物。工程师为 R44 直升机设计的燃料箱，可以保障它在撞击时幸免于难。

信 息 卡

- **年份：** 1993
- **速度：** 每小时约 240 千米
- **有趣小知识：** 罗宾逊 R44 是世界上最畅销的私人直升机。

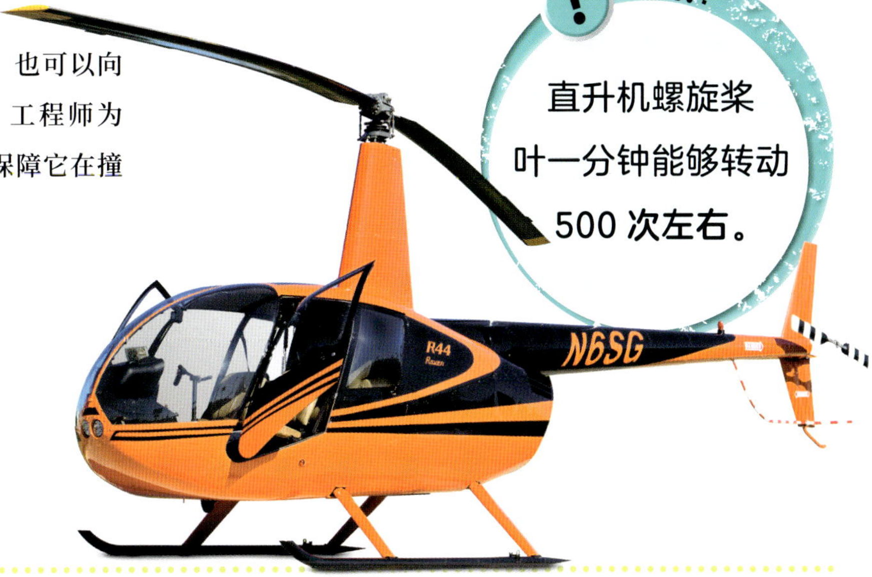

哇哦！

直升机螺旋桨叶一分钟能够转动 500 次左右。

V-22 鱼鹰运输机

这种飞机属于倾转旋翼机。这意味着它的螺旋桨发动机可以处于垂直状态，让它像直升机那样起飞，也可以处于水平状态，让它像普通飞机那样往前飞。

信 息 卡

- **年份：** 2007
- **速度：** 每小时约 565 千米
- **有趣小知识：** V-22 鱼鹰运输机能够折叠、存放在船上。

鱼鹰运输机能够运载 32 名乘客。

大疆精灵 3 无人机

无人机可以由驾驶员遥控着飞行很远的距离。工程师已经发明了可以飞入类似正在喷发的火山这类危险地带的无人机。

无人机的下方可以安装摄像头。

信 息 卡

- **年份：** 2015
- **速度：** 每小时约 57 千米
- **有趣小知识：** 农民可以使用无人机来观测他们庄稼地里的水够不够。

莱特兄弟

奥维尔·莱特与威尔伯·莱特发明了世界上第一架飞机。1903 年，这架飞机完成了第一次飞行，从此改变了人类的出行方式。兄弟俩对飞机的各个部分所做的测试、完善工作是如此充分，以至于他们的许多理念至今仍然适用。

奥维尔·莱特与威尔伯·莱特从小就对机械制造感兴趣，他们的父亲还给他们买过飞行玩具。

1892 年，莱特兄弟开始经营他们的机械制造生意——制造、销售自行车。不过，很快他们就将目标转向了天空。

这对兄弟为了造出飞行器，认真地钻研了鸟类的翅膀是如何运动的。最后，他们注意到鸟类在飞翔时，翅膀会往不同部位移动。

为了测试自己的推理，兄弟俩建造了一个风洞来研究机翼如何在空气中运动。

接下来，莱特兄弟设计了滑翔机，飞行员可以操控着狭窄机翼的部件向上下、左右转动。

兄弟俩在完成的机翼上添加了一个发动机，制造出了属于自己的莱特飞行器，并在北卡罗来纳州的基蒂霍克小镇进行了测试。他们成功了！虽然它最终只飞行了 37 米左右。

1909 年，兄弟俩开设了莱特公司，专门制造飞机并培养飞行员。

莱特飞行器改变了人们的出行方式。兄弟俩当年的许多发现，如今在建造飞机和航天飞机时仍然能派得上用场。

喷气式飞机发动机

飞机借助推力、升力飞行。从发动机里高速喷出的热气会产生推力，让飞机往前冲；流过机翼的空气会产生升力，将飞机拉高，并让飞机留在空中。

巨型喷气式飞机发动机

巨型喷气式飞机因机身庞大而得名，这也意味着它们需要大型发动机来提供动力。客运航班每次长途飞行时，需要携带约 20 万升燃油。

这个涡轮直径约 3 米

涡轮叶片

喷气式飞机发动机使用巨大的涡轮来吸入冷空气。涡轮叶片使用钛这种强韧的金属制作而成。

机翼
机翼提供升力，让飞机能够飞上天空。

哇哦！

世界上最大的巨型喷气式飞机能够承载 853 名乘客。

凝迹
喷气式飞机燃烧的燃料遇到冷空气后，会形成白色纹路的蒸汽，即“凝迹”。

喷气式飞机发动机如何运作？

这种喷气式飞机发动机，也叫“涡轮发动机”，通过混合空气来点燃燃料。它的发动机吸入空气后，与燃料混合，然后燃烧产生推力。

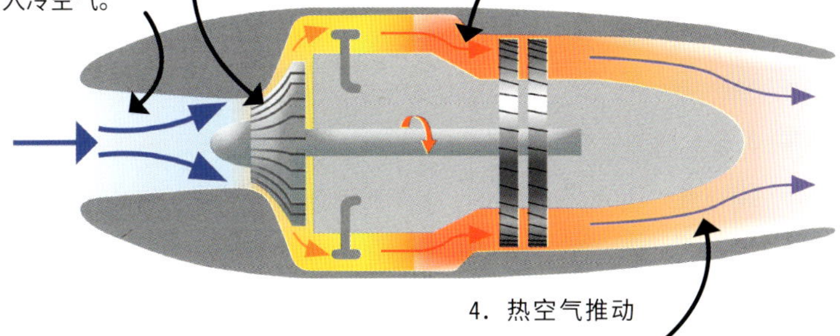

纳米技术

纳米技术是一种在寻常显微镜都观察不到的微小范围内应用的工程技术。工程师常用它来处理像体内细菌或打湿衣服的雨水这类细微的事物。工程师们试图造出这样一台机器——它很小，小到能够直接进入我们的体内，然后精准地找到有需要的部位来释放药物。

抗菌绷带

银纳米粒子可以杀死细菌，医生、护士可以用它来治疗病患，防止伤口感染。工程师如今制造的含有银纳米粒子的绷带，为大家的使用提供了极大的便利。

阻挡阳光

能够吸收有害紫外线的特殊化学物的纳米粒子，可以用来制作防晒霜。它们的细微颗粒意味着它们是透明的，而且涂抹后会让你的皮肤觉得很清爽。

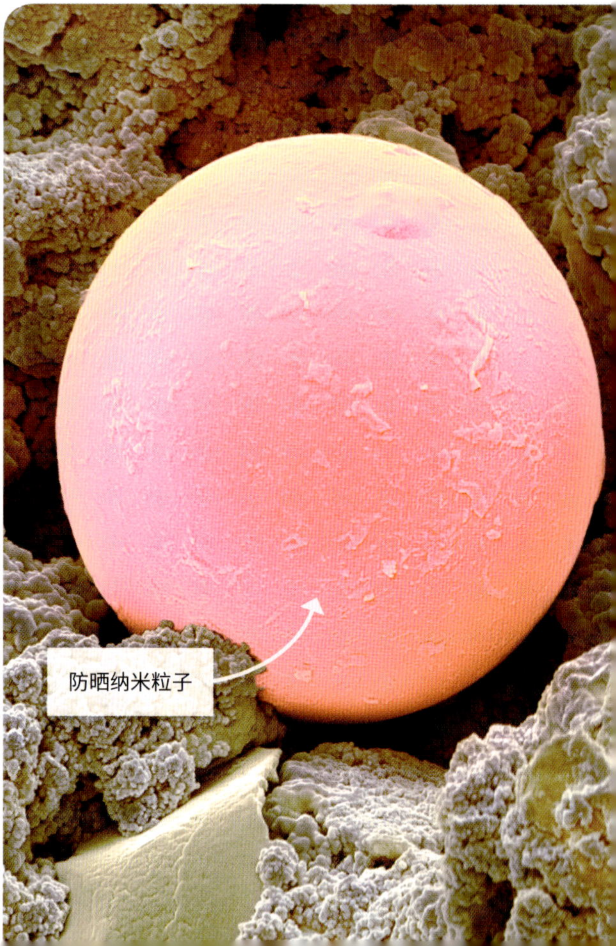

纳米粒子有多大？

1 纳米是 1 毫米的百万分之一。纳米级物体的长度小于 100 纳米，人们只能借助高倍显微镜才能看见它们。

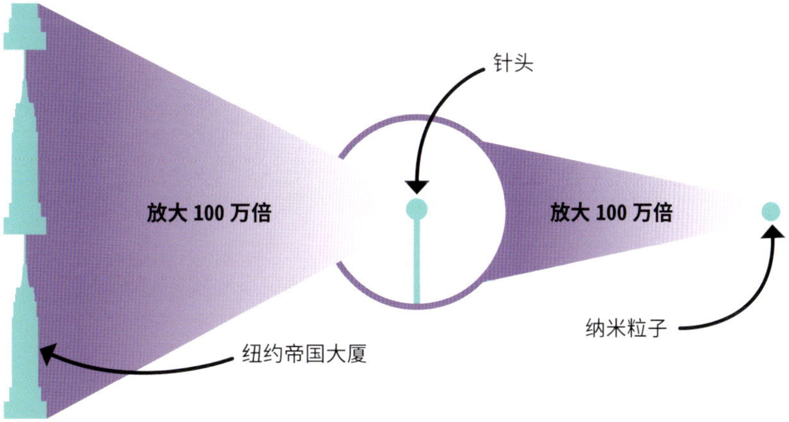

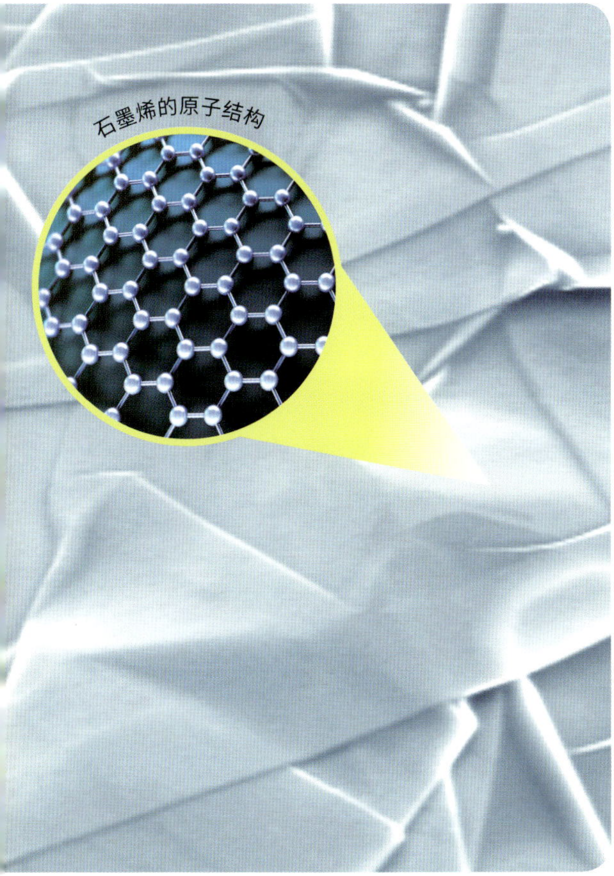

超强物质

迄今为止，工程师发明的最强韧、最薄、最轻的物质，叫作“石墨烯”。它比钢铁强韧 200 倍，由单层碳原子构成（原子是构成所有物质的细小颗粒），呈蜂窝状排列。

防水布料

将硅胶纳米粒子添加在布料上，可以起到很好的防水作用。因为纳米粒子特别小，能够完全覆盖住布料表面的孔洞，阻止水渗透进来。

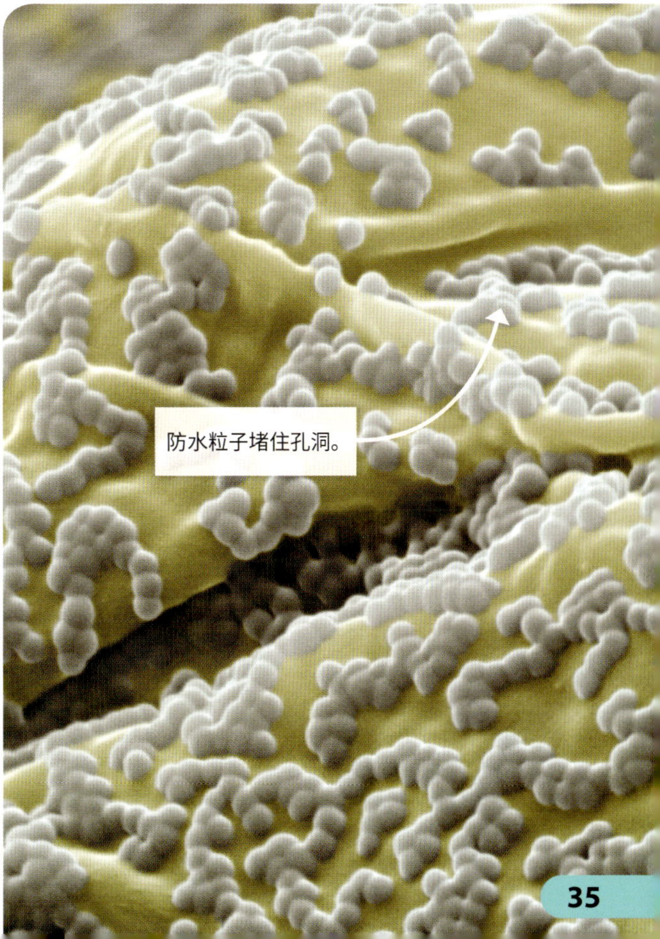

航天工程师

进入太空，是人类历史上最伟大的成就之一。每一个被送入太空的部件，都需要由科学家和工程师组成的庞大团队仔细地设计和测试，从而确保太空旅行尽可能地安全，不出问题。

宇航服

太空中的物体的飞行速度很快，甚至一小粒尘土也会让没有防护的宇航员受伤。宇航服可以保护宇航员的安全，为其提供氧气、水，同时可以阻挡太阳辐射。

探索太空

巧妙的机械工程技术让我们能够游览、探索太空。我们甚至还向那些人类目前尚不能登陆的行星发射了飞行器。

美国航天飞机

太空往返

航天飞机运载宇航员、仪器进入太空，一架航天飞机飞行时发动机所产生的动力相当于15 000台火车发动机所产生的动力。美国航天飞机已经在太空执行了135项任务。

“好奇号”探测车的天线杆上，架设了7台摄像机。

“好奇号”火星探测车

火星上的生活

探测车是一种能够在行星上四处活动的大型遥控设备，它们可以为科学研究拍照、收集数据。目前在火星表面活跃着4个探测车。

化工产品

化学工程师使用化学知识来制造新产品，改进现有产品。天然化学品来自植物和动物，而合成化学品则是在实验室里制作完成的。几种不同的化学品被混合后，会发生反应，产生新的化学品。药物、手纸、塑料等日用品，都是由化学工程师制造出来的。

药物

化学工程师使用天然化学品与合成化学品来制造药物。他们过做实验来找出那些更有利于类的具有最佳疗效的药品，这人类就可以活得更加健康、长寿。

环境

化学工程师帮助保持环境卫生。他们改进垃圾回收方式，处理石油泄漏事故，致力于建立可减少有害气体排放的系统。

食物与饮料

有些食品在制造过程中会经过人工调配。将防腐剂、调味品、色素还有维生素添加到食物中后，可以让食物的保质期更长，色香味更佳。

材料

工程师开发出了具有不同功能的材料。比如塑料，它能够应用于包装业、纺织业和建筑业。

衣服

衣服具有特定的用途，比如防水或是保暖。防水衣物的特殊材料是用合成化学品制成的，其作用是让水从表面滑走。

能源

工程师们一直都在寻找各种能源，比如煤、天然气、太阳能和风能等。如今，工程师正试图从植物中获取新能源。

建筑

你在桥上走过吗？你喝过水龙头里的水吗？你坐过火车吗？这些都是工程师造就的。他们设计、建造了这些东西，使得人们的日常生活可以顺利运转。

隧道

当修路遇到较麻烦的障碍物时，与其跨过它，还不如在它里面或是下面修一条隧道，这样更安全也更省钱。土木工程师在隧道里建造照明、通风设施，也是为了保障人们在隧道里时更加安全。

» **名字：**瑞士圣哥达基线隧道

公路

公路在每个国家都起着重要的作用。美国拥有长度超过650万千米的公路线。工程师负责修路时的用料选择，以保障建成的公路能够长久使用。

» **名字：**泛美公路

运河

运河水网让船只能够在不同水域之间航行。运河既可以像连通两个湖泊的沟渠那样简单，也可以像连通两个大洋的航道那样复杂。

» **名字：**中国京杭大运河

铁路

火车很适合在陆地上长途运输人或货物。平均来说，一节火车车厢所耗费的燃料，大约只有卡车的四分之一。铁路也有助于减轻公路的交通负担。

» **名字：** 俄罗斯西伯利亚铁路

» **名字：** 英国伦敦泰特现代艺术馆

建筑物

建筑物可以保护人类及其财物免受冰冻、风吹、雨淋。土木工程师负责建筑物结构的设计建造工作，保证建筑物可以承受负荷，抵御恶劣天气，屹立不倒。

桥梁

工程师负责设计桥梁，使它能够承载跨过河流、海湾、峡谷的车辆以及行人的重量。土木工程师根据途经车辆的类型来设计建造最适合的那一种桥梁。

» **名字：** 中国丹昆特大桥

» **名字：** 中国三峡大坝

大坝

大坝拦住江河水流，使得上游的水积蓄上升，形成湖泊。流经大坝的水流可以发电。

地下设施

工程师设计出了重要的地下系统来保持城市生活的正常运转。电缆输送电力到各家各户和各个企业；管道输送自来水，带走污水；地铁运载成千上万的人到城市的各个地方，因为位于深深的地下隧道中，没有建筑物阻碍，也不存在交通堵塞问题，所以它比汽车更快。下面，就来看看我们脚下的世界是如何运转的吧！

说 明

» **1. 电话电缆与供电电缆：** 数千米长的、埋在地下的电缆将电力从发电站输送到住房、商店和办公室。

» **2. 光纤光缆：** 这些光缆把信息与能量传递到城市的各个地方。上网和看电视等都离不开光纤光缆。

» **3. 自来水总管道：** 自来水总管道是为住房等建筑物输送水的管道。管道内的水需要加压，以保证其在管道内快速流动。

» **4. 天然气管道：** 天然气可以用来做饭、供暖。人们使用特殊工艺制造的金属管道在地下输送天然气，是为了保障安全。

» **5. 下水道：** 工程师设计的下水道系统，既要防洪，同时也要保证厕所、污水池的用水能够流通顺畅。

» **6. 地下交通：** 坐地铁比开车快得多！地铁系统借助城市的地下隧道来运送上百万的人，而且不会遇到交通堵塞问题。

» **7. 污水管道系统：** 你冲厕所时，是否会好奇这些污水去了哪里？在重力的作用下，这些污水会自动流入净化设施中，污水经过处理后，还可以重新利用。

» **8. 深处自来水总水管：** 城市的供水水源通常来自充满水的地下岩层，即"砂石含水层"，深处自来水总水管与这里相连，然后将水输送到细一些的本地水管中。

» **9. 地热采暖：** 有些地方的地表附近存在着滚烫的热岩，比如说冰岛，发电站的工程师将水压入其中加热，变为蒸汽发电。

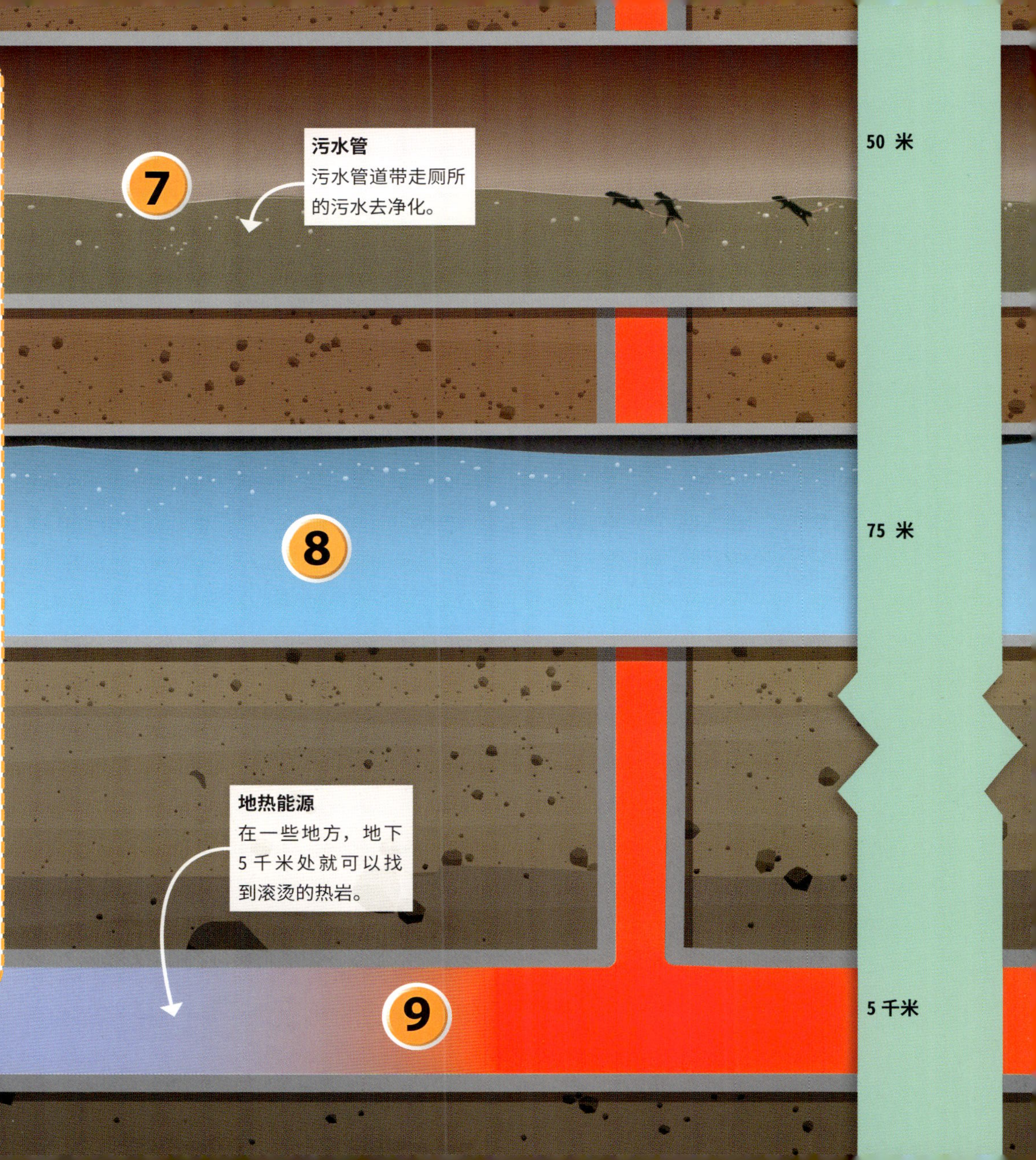

埃菲尔铁塔

耸立于巴黎的埃菲尔铁塔，是世界著名的工程建筑之一。它建于 1889 年，在其后的 40 年间都是世界上最高的建筑。超过 2.5 亿人游览过这座铁塔。

观景平台

观景平台距离地面的高度为 276 米，很惊人。游客们可以在这里欣赏到巴黎的壮观景色和地标建筑，比如凯旋门。

电梯

有两架电梯通往顶层。两架电梯每年升降的距离，大约相当于绕着世界转了 2 圈！

铁质部件

格子形状的铸铁结构，重约 10 000 吨，每隔几年，这些铁质部件上就会被涂上几十吨油漆，以防生锈。

信 息 卡

- 名字：埃菲尔铁塔
- 国家：法国
- 高度：约 324 米
- 重量：约 10 000 吨

哇哦！

埃菲尔铁塔在炎热的天气里会增高约 15 厘米

建造

埃菲尔铁塔最初设计的目的是作为 1889 年世界博览会的临时入口，但很快就作为永久性的建筑被保留了下来。建造时，先是铺设好深厚的混凝土与大理石地基，然后才开始建造钢架结构。

古斯塔夫·埃菲尔

这座铁塔以工程师古斯塔夫·埃菲尔的名字命名，他的公司负责了这个项目。埃菲尔还帮忙设计了美国纽约的自由女神像。

装配

超过 300 个建筑工人为这个工程劳作了两年多。主体部分是通过铆钉将各部件结合在一起的。

工作现场

建造至中间阶段时的场景

可靠的铁塔

防护装置、屏障、可移动的履带式起重机，能够帮助支撑结构，保障工人安全。

摩天大楼

摩天大楼拥有很多楼层，它们非常高大，几乎都已成为各自所在地区的地标。这些大楼宏伟壮观、建造时间长，需要大量仔细规划来确保安全。

起重机

没有起重机，也就无法建造摩天大楼。这些高大、巧妙的器械，被用来装载、运输材料。

电梯井

大多数摩天大楼，首先会建造电梯井作为建筑的核心，以保持建筑稳定、安全。

超级结构

摩天大楼是在巨大的三维金属格架当中建造的，这被称作“超级结构”，它就像是建筑物的骨架。

美丽的建筑

完工后的建筑

很多摩天大楼都设计有曲面、螺旋及图案，这也让它们从其他建筑中脱颖而出。伦敦的夏德大厦看起来就像是许多的玻璃碎片刺向天空。

钢铁

摩天大楼使用钢铁材料建成。坚韧、轻便的钢铁特别适合作为高层建筑的用材，因为金属的重量如果过大，建筑物就无法支撑起自身的重量。

幕墙

幕墙覆盖于建筑物的外侧，与内部钢铁格架相连。

地基

摩天大楼的地基，是由深入地下的混凝土凝铸而成的，用以保持建筑物牢固，抵御大风、地震。

夏德大厦下方

往下很深

夏德大厦坐落在多层有着巨大面积的混凝土层之上。深达 53 米的混凝土层支撑着大厦重量。

建造桥梁

桥梁能够支撑沉重的负担，帮助人们跨越水域、峡谷、道路或铁路，而且可以修建得非常长。它们面临着类似于大风、大雨以及拥挤的交通等方面的挑战，工程师在设计桥梁时，必须保障所有的部分能够组成一个整体，并确保平衡。

拱桥

最先建造拱桥的是古罗马人。拱桥的桥塔支撑着大部分的重量，两座桥塔间由桥拱相连。如今，拱桥在铁路线上用得比较多。

桁架桥

桁架桥是由承载桥梁重量的“桁架”（由钢杆或木杆拼接而成的三角形单元结构）构成的一种桥梁。桁架很坚固，因为三角形结构的每个点都在支撑着重量。

开合桥

开合桥的一部分可以根据需要抬高或放低，以便船只通过。古代就已经有开合桥了，比如城堡的吊桥便属于开合桥。

梁式桥

梁式桥是最简单的一种桥，它将结实的铁板搭建在深入水中或陆地上的桥墩上。梁式桥很结实，即便有沉重的交通工具通过，桥也不会被压弯或是被压变形。

斜拉桥

斜拉桥通常有一个或多个桥塔，桥塔顶端有多条呈扇形分布的承重拉索，负责把下面的桥面拉起来，以平衡桥梁重量。

悬索桥

悬索桥的桥面，悬挂在两座高大、结实、深深扎在水里或陆地上的桥塔中间。桥塔与桥梁之间由长钢索相连。

! 哇哦！

美国旧金山的**金门大桥**重约804 673吨。

悬臂桥

悬臂桥通常由多段悬臂拼接而成，每段悬臂只有一个支撑点，而且各段悬臂的拼接处无需支撑，所以悬臂桥比其他桥梁更容易建造。

对话专家

我们向露西·罗杰斯博士提出了一些问题，她是英国的特许工程师、作家、制造者，她写作，做实验，拍摄机械工程方面的视频，并经常在机械工程类的电视节目中露面。

问：我们知道您的工作与机械工程有关，那么您具体是做什么的呢？

答：我解决问题。我的工作包括计算宇宙飞船被太空垃圾撞上的概率，在主题公园制造机器恐龙跟游客互动，为欧洲宇航局还有国内的报纸、杂志写文章，与工程公司合作，制作入门科普视频，以及给机器人竞赛做裁判。

问：是什么让您下定决心成为一名工程师的？

答：上学时，我就特别喜欢制作东西，我们还成立了一个“大蛋比赛”俱乐部，在那里我们需要想办法解决问题。另外，我还喜欢数学、物理，所以机械工程理所当然成了我的一个理想专业。

问：自己制造的东西中，您最喜欢哪一个？

答：我最喜欢的通常就是我最新完成的项目，目前来说，就是“发光的金靴子”。

罗杰斯博士很喜欢做实验

罗杰斯博士的最新项目——发光的金靴子

问：您使用过什么比较特殊的仪器吗？

答：最有价值的其实就是我的双手和我的想象力。我会使用工具来制造东西，比如使用车床来为木材或金属塑形，使用焊机将金属焊在一起，使用 3D 打印机制造细小的塑料零件等。我也使用电脑来绘图、计算、写东西以及求助等。制造者社区（世界各地热爱制造东西的人们）也总是愿意提供帮助，分享创意。

车床

车床通过快速转动金属、木材等材料，来对其进行切割，从而塑造出规则形状。

问：对于机械工程，您最爱什么？

答：当我为某些人或是某些事解决掉难题之后，就会感到很满足。我的大多数项目都偏向于“好玩儿”，当然，它们同时也是有用的，能够应用在企业或者家庭之中。

问：您的日常工作是什么样的？

答：我每一天都没什么固定惯例——尤其是我上网、拜访工厂、拍电影或是开会时。其他的时候，我可以在家工作，而不必一直待在办公室里。我喜欢早起，并会在早饭前写一些东西，例如一篇演讲稿、一篇报告或是书里的部分章节。午饭后，我通常会到工作室做一些东西。我每天会花费很多的时间来看社交软件和电子邮件的内容。这是我与潜在的、当前的、过去的同事及客户交流的方式。

问：关于您的工作，您最喜欢什么？最讨厌什么？

答：我最喜欢的，就是每天学习新东西，并运用自身的技能去制作东西，解决问题。我最讨厌的，是“我是新手”，我想跳过“学习”这个阶段的那些琐事，迅速成为专家。可悲的是，学习往往没有捷径。

生物工程

生物工程师研究自然世界的变化。一些工程师通过研究身体的运行规律来研制新药物以及可替代身体部位的“假体”。一些工程师则主要研究农业与食品技术。

哇哦！

古埃及人曾制作出人类历史上第一个假体——木质的脚趾。

人造肉

2013 年，世界上第一个人造牛肉汉堡被研制了出来。工程师们尝试了很多的方法让它分量更大、价格更便宜——这个人造汉堡花费了约 240 万元人民币，肉质还不错，不过味道却不太好。

这些肉是用母牛肩膀的干细胞造出来的。

机械手

生物力学是一门研究我们身体运动规律的科学。工程师们发明了能够移动的可抓取物品的机械身体部位，还为失去腿脚的运动员做出了刀锋式跑步假肢。

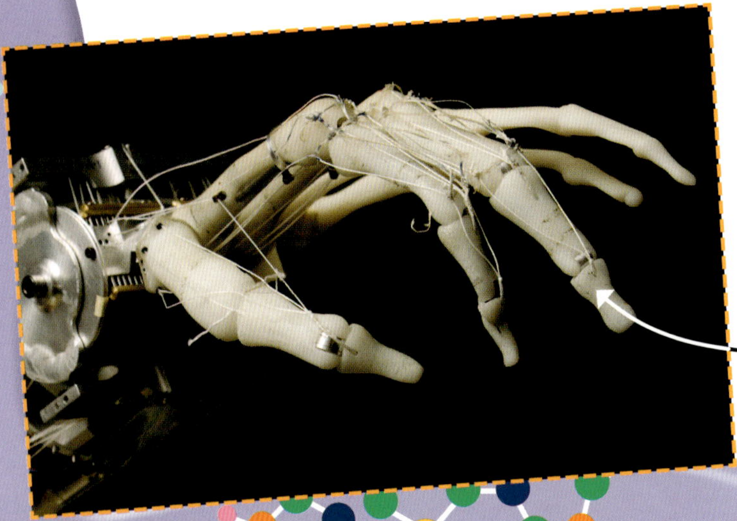

机械手可以代替事故中丧失的手。

人造心脏

生物工程师一直致力于创造能够像真实心脏一样有节奏舒张、收缩的人造心脏。这是一项非常艰巨的挑战，人类的心脏一年跳动约 3500 万次，因此用来代替它的人造心脏必须非常坚韧、可靠。

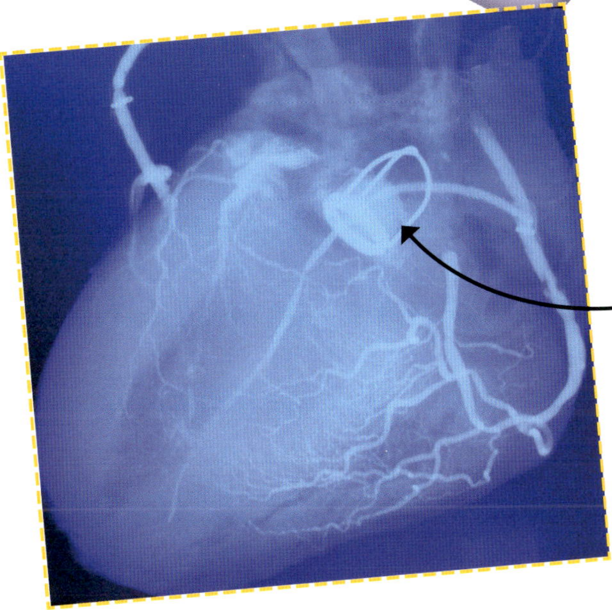

某些心脏部位已经可以通过做手术替换为替代品。

这头小牛是克隆牛生下的。

克隆牛

美国得克萨斯州的科研人员已经克隆出比普通牛肉量更多、肉质更好的克隆牛。克隆就是对生物的一种复制。

食品技术

基因工程师一直在尝试研发更有营养、能抵御病虫害的动植物，以帮助农民在同等面积土地上种出更多庄稼，结束世界各地的饥饿问题。

绿色环保

工程师想出对我们星球及自然环境有帮助的主意。他们找出新颖、有创意的办法处理废物，节约能源。工程师也致力于开发不会损害周围世界的新产品。

修复垃圾填埋场

这个地方曾经是纽约所有垃圾的倾倒处，如今它已经被清理干净，并被专门设计成了当地的大型公园——种了树，还挖掘了湖泊，这也让它变得更吸引人、更健康、更安全。

位于美国纽约市斯塔滕岛上的弗莱希·基尔斯垃圾填埋场

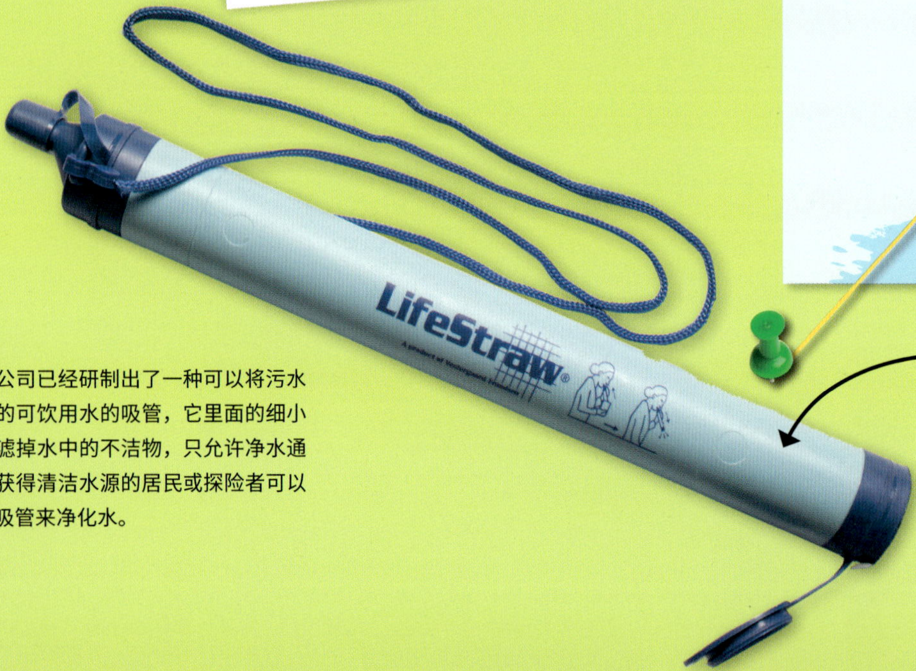

生命吸管可以让你安全饮用脏水。

净水吸管

瑞士一家公司已经研制出了一种可以将污水变成干净的可饮用水的吸管，它里面的细小纤维可过滤掉水中的不洁物，只允许净水通过。无法获得清洁水源的居民或探险者可以使用这种吸管来净化水。

中国的新森林

植树

在中国，工程师们针对破坏性的沙尘暴建立了一道自然屏障。这道林木“长城”所在地，曾经种的是庄稼。

澳大利亚的风电场

有力的风力涡轮机

每个风力涡轮机大约能够供应750户家庭所需的电能。风能是一种可再生能源，可以重复使用，而且不会危害环境。

在太阳能烤炉上烹饪食物

太阳能烤炉

太阳的热量很强，可用于烹饪，烤炉的银色反光面可将阳光集中于一点。采用这种方法烹饪耗时较长，不过，比起天然气或电能，它对环境更有利。

未来的机械工程

工程师总是在找寻新方法创造新东西来帮助人。这些新颖、振奋人心的创意，可能很快就会变为日常景象。

机器服

机器服可以帮助受伤的人再次行走。它拥有几种“行走模式”，可以帮助病人逐步从伤病中恢复。

机器服

虫子零食

富含蛋白质的昆虫很容易养殖，因为它们不需要占用太大地方。虫子将是未来食物之一。

昆虫蛋白饼

可食用昆虫

自动驾驶汽车

这种汽车可以自动驾驶。它具有监控各个方向的电脑传感器，这样即使无人操纵，也可安全行驶。

无人驾驶控制装置

太阳能公路

这种公路的路面就像太阳能电池一样，可以将收集到的阳光转化为电能，而且不会污染环境。

太阳能公路

3D 打印

这种技术可以将电脑上设计好的图形直接打印为 3D 物品，它通过将塑料等材料层层叠加在一起来实现。

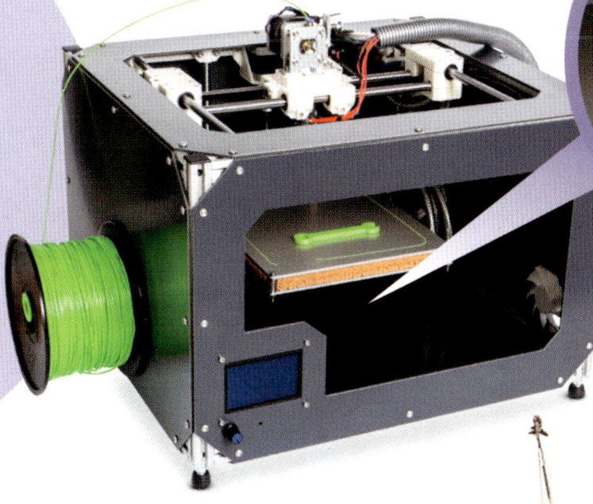

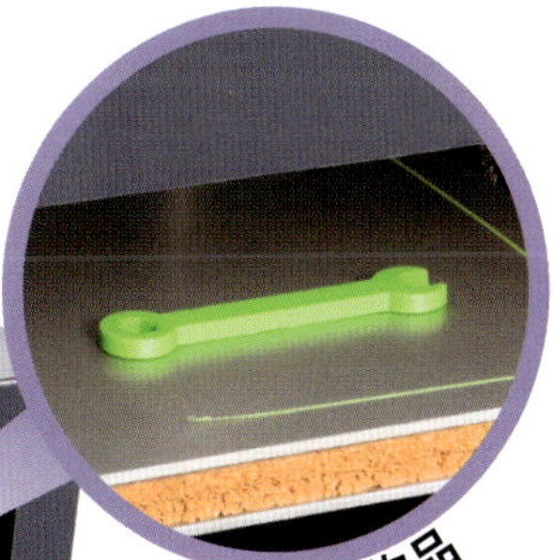

3D 打印物品

太空房屋

航天工程师已经开发设计出人类未来能够在火星居住的房屋。目前这些设计还在接受检测。

为火星之家做的设计

机械工程知识与数据

机械工程领域充满了令人惊奇的东西。这里有你可能不知道的、稀奇古怪的、奇妙的知识与数据。

世界上最高的风力涡轮机，高度超过200米。

最长的公路！

泛美公路是世界上最长的公路，全长48 000千米，连通着北美洲与南美洲。

1450年左右，成百上千的人搬运石块上山，在南美洲秘鲁建造了马丘比丘城。

25 572

约有25 572股铁索构成了旧金山金门大桥的缆索。

350

中国列车的最高速度大约是每小时350千米。

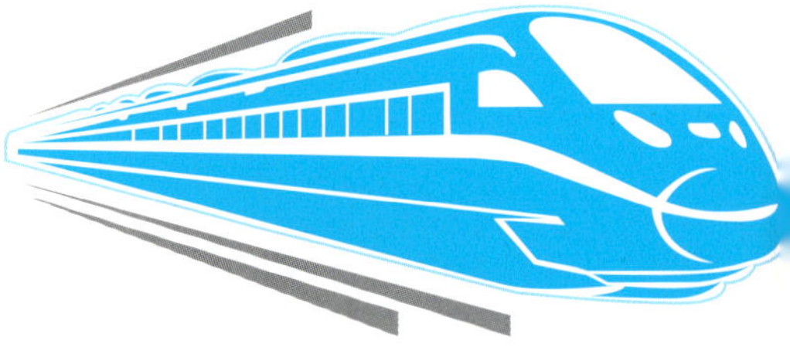

世界上最高的户外电梯是中国的百龙观光电梯，高约 326 米。

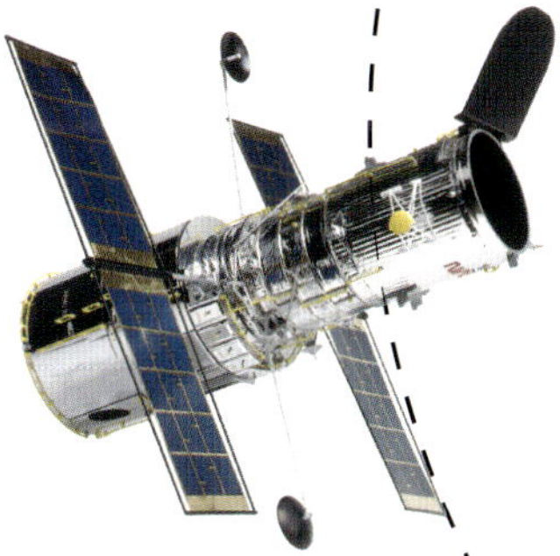

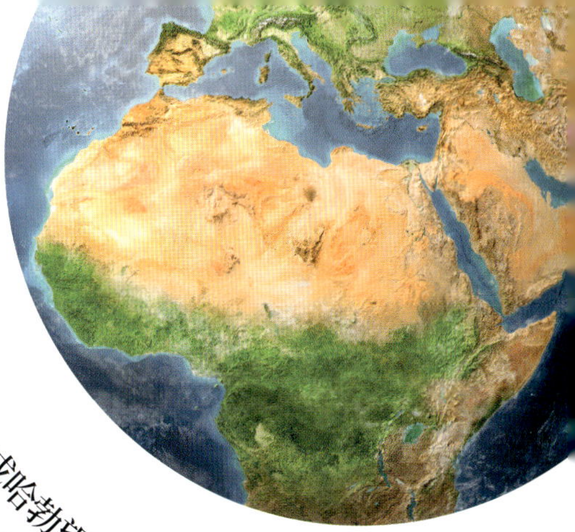

为了建成哈勃望远镜，人们花了长达**20 年**的时间进行研究及建造。

在世界各地，每年会有

约 150 亿

罐喷雾剂被生产出来。

迪拜的棕榈岛是世界上最大的人工岛。

1863

1863 年，世界上第一条地下铁路——大都会铁路在伦敦开通。

3.9°

目前比萨斜塔倾斜角度为 3.9 度。它的地基位于不足以支撑其重量的软土之中，因此塔才会向一侧倾斜。

词汇表

下面是对一些词语的释义，也许会对你学习工程学（从桥梁到宇宙飞船）有帮助。

材料 用于制造东西或建造建筑的物质

地热 来自地球内部的热能

动力源 让机器运转的能量，比如电能

仿生人 模仿人体的机器人

风洞 一个可以让工程师观察到气流对汽车或自行车等物体会产生何种影响效果的气流通道

土木工程包括公路工程

光学纤维 用来传输光信号的电缆

国际空间站 围绕地球转动的大型空间站及实验室

航空航天工程 与飞机、宇宙飞船有关的工程

合成品 人工合成的东西

合成物 由若干部分或若干材料组成的东西

核动力 以核能为动力

化石燃料 死于几百万年前的动植物遗骸所形成的燃料，比如煤

化学工程 使用化学制品造出新产品的学科

化学制品 原子等微粒发生反应后产生的物质

环保 保护自然环境

环境 周围的地方

环境工程 与我们生活的世界相关的工程

机器 由零部件组装成，能运转、能变换能量或产生有用功的装置

机器人 遵照电脑发出的指令完成不同任务的机器

机械的 由机器控制的东西

机械工程 一门设计、制造机器的工程学科

技术 使用科学知识来制造机械与装置（比如电脑）的方法

加速 把速度加快

假体 替代已失去的身体某部位的人造器官

建筑物 由若干部分组合而成的建筑

可持续能源 能够长时间一直使用的能源

可再生能源 那些不会污染空气、水源的能源，比如太阳能

冷却剂 能够冷却物品的液体或气体

粒子 非常微小的东西，如质子或电子

纳米技术 制造非常细小的物质的科学技术

能源 像电能或热能这样能产生能量的资源

燃烧 物质剧烈氧化而发光、发热

人形机器人 外形、动作像人的机器人

人造的 人工制造的，而非自然长成的

人造卫星 围绕地球转动的所有物体都叫“卫星”，不过人造卫星是指那些用于收集科学信息的人造机器

软件 电脑所用的程序或指令

设计 对事物的运作、外观做出计划、进行落实的工作

生物工程 对人体有帮助的应用技术

碎屑 破裂或松散的材料碎片

土木工程 设计桥梁、公路等建筑的工程学科

涡轮机 能够通过转动轮子或转子产生能量的发动机

无人机 没有飞行员在里面驾驶的飞行器

一个人形机器人。

悬臂桥 只在中间受到支撑的桥梁

液压动力 用水或其他液体作为某些物体的驱动力

宇航员 受过训练，在太空中航行、工作的人

原子 能够发生化学反应的最小粒子

转化 一个东西变为另一个东西

转移 能量在不同物体之间移动，或物体在不同的地方间移动

自动化 机器设备不需要人为辅助就自行运转实现目标的过程

索引

致谢

作者要感谢她的朋友及工程师伙伴本顿·阿伦（Benton Allen），谢谢他的好创意及大力帮助。还要感谢以下诸位出版人，谢谢他们在本书筹备阶段的帮助：丹·克里斯普（Dan Crisp）提供了插图；贝缇娜·麦克利伯斯特·斯托弗纳（Bettina Myklebust Stovne）提供了设计支持；卡罗琳·亨特做了校对；希拉里·伯德（Hilary Bird）编制了索引；还要谢谢露西·罗杰斯博士协助完成了《对话专家》的访谈。

本书出版商由衷地感谢以下名单中的人员提供照片使用权：
t=顶端，a=上方，b=下方，l=左侧，r=右侧，c=中间，f=底图

1 Getty Images: Mark Runnacles (c). **2 123RF.com:** 8vfanrf (bl). **3 Alamy Stock Photo:** Victor Wallner (cb). **Dorling Kindersley:** Claire Cordier and Claire Cordier and Claire Cordier (r/Shard). **4 Alamy Stock Photo:** imageBROKER (cr). **Getty Images:** Luis Alvarez (bl). **5 Alamy Stock Photo:** Jake Lyell (cl). **Dreamstime.com:** Monkey Business Images (br). **NASA:** (tr). **6 Alamy Stock Photo:** Classic Image (br). 7 123RF.com: Patrick Guenette (br). **Dreamstime.com:** Ken Backer (cra). **8 Alamy Stock Photo:** Photo Researchers, Inc (l). **9 Alamy Stock Photo:** Photo12 (ca). **Getty Images:** Fabrice Coffrini / AFP (tr); Science & Society Picture Library (b). **10 123RF.com:** Dimitar Marinov / oorka (cl). **Alamy Stock Photo:** Richard Levine (cr). **NASA:** JPL-Caltech (ca). **11 iStockphoto.com:** IR_Stone (crb). **NASA:** (cla). **12-13 Alamy Stock Photo:** wendy connett. **12 Dreamstime.com:** Edite Artmann (b); Okea (c). **13 Dreamstime.com:** Pakkano (crb). **14 Dorling Kindersley:** Richard Leeney / Patrick Racing, CART, 2001 (cl). **Dreamstime.com:** Dmitry Kalinovsky (tr). **15 CNH Industrial:** (crb). **Dreamstime.com:** Kittipong Jirasukhanont (c); **Wellphotos** (cra). **17 Dreamstime.com:** Danil Roudenko (tl). **18 Corbis:** Westend61 / Fotofeeling (bl). **19 Alamy Stock Photo:** Greg Vaughn (ca); Helene ROCHE Photography (c); Robertharding (cb); Reuters / Ruben Sprich (b). **20 123RF.com:** Vladimir Salman (crb). **Alamy Stock Photo:** Chris Willson (cla). **Dreamstime.com:** Neil Denize (clb). **21 Getty Images:** Mark Runnacles (cla, c). **Science Photo Library:** Peter Menzel (cra, crb, cb). **22 Alamy Stock Photo:** Bygone Collection (cl); Tatu (tr); Rachel Husband (cra). **Getty Images:** Underwood Archives (clb). **University of Washington:** (crb, br). **23 Alamy Stock Photo:** Chronicle (tl); WENN Ltd (clb). **Dreamstime.com:** Claudiodivizia (cla); Georgios Kollidas (tr). **Getty Images:** Underwood Archives (cra). **Science Photo Library:** David Nunuk (bl). **24 Alamy Stock Photo:** qaphotos.com (cra). **Dorling Kindersley:** Graham Rae / Royal Naval Submarine Museum (b). **iStockphoto.com:** John Kirk (cr). **25 Alamy Stock Photo:** Leslie Wilk (cr); Stocktrek Images, Inc. (b). **NASA**: Tony Landis (cla). **26-27 Cedar Point. 26 Cedar Point:** (ca). **Getty Images:** Mathew Imaging / WireImage (br). **27 Getty Images:** Topical Press Agency (bc). **28 Alamy Stock Photo:** Bailey-Cooper Photography (cb); Susan & Allan Parker (cr). **Dorling Kindersley:** Royal Airforce Museum, London (cla). **29 Alamy Stock Photo:** Ian Dagnall (cra); Johnny Henshall (cr); Victor Wallner (cb). **32-33 Alamy Stock Photo:** Andrew Holt. **32 Getty Images:** Pascal Pavani / AFP (bc). **34 Science Photo Library:** Steve Gschmeissner (l, r). 35 **Dreamstime.com:** Kts (cl). **Science Photo Library:** Andre Geim, Kostya Novoselov (l); Eye of Science (r). **36-37 Science Photo Library:** NASA. **37 Dorling Kindersley:** NASA (ca). NASA: JPL / Cornell University (crb). **38 Dreamstime.com:** Huguette Roe (bl). **39 Alamy Stock Photo:** Cultura Creative (RF) (bl). **Dreamstime.com:** Broker (br); Monkey Business Images (bc). **40 Alamy Stock Photo:** Hemis (clb); Reuters / Arnd Wiegmann (cra); Meng Delong / Xinhua (br). **41 Alamy Stock Photo:** artsimages (cla); Horizons WWP / TRVL (tr); John Henshall (bl). **Getty Images:** LUPOO / ullstein bild (crb). **44 Alamy Stock Photo:** AGF Srl (ca). **44-45 Alamy Stock Photo:** allOver images. **45 Alamy Stock Photo:** Chronicle (cra); Pictorial Press Ltd (tr). **Getty Images:** Bettmann (cr). **46-47 Alamy Stock Photo**: Ian Macpherson London. **46 Alamy Stock Photo:** Ian Macpherson London (crb). **Dorling Kindersley:** (tr). 47 **Alamy Stock Photo:** Gale S. Hanratty (cr). **48 Dreamstime.com:** Arsty (bl); Len Green (crb). **49 Dreamstime.com:** Hel080808 (cl); Ilya Genkin (tl). **Getty Images:** Loop Images / UIG (b). **50 Dr Lucy Rodgers:** (All images). **51 Dreamstime.com:** Andrey Eremin (cra). **52 Getty Images:** John Kuczala (cr). **University of Washington:** (bl). 53 Science Photo Library: (ca). **Whitley Sprague/ West Texas A&M University:** (clb). 54-55 **123RF.com**: Shannon Fagan (t). **54 Alamy Stock Photo:** Richard Levine (c). **Dorling Kindersley:** Vestergaard Frandsen (cb). **55 Dreamstime.com:** David Steele (cra). **Getty Images:** Fadel Senna / AFP (crb). **56 Alamy Stock Photo:** epa european pressphoto agency b.v. (cl); Ton Koene (tc, cra). **BMW Group:** (crb, br). 57 **123RF.com:** 8vfanrf (cr). Foster + Partners: (b). Solar Roadways: (t). **58 Dreamstime.com:** Jarnogz (cra). **59 123RF.com:** Konstantin Stepanenko (cr). **Dorling Kindersley:** Andy Crawford (tc). **Dreamstime.com:** Greatandaman (l). **60 Alamy Stock Photo:** Hemis (bl). **Getty Images:** Loop Images / UIG (tl). **61 Dreamstime.com:** Neil Denize (tc). **62 Dorling Kindersley:** (tl)

Endpapers: Front: Alamy Stock Photo: National Geographic Creative br; **Corbis:** Westend61 / Fotofeeling c; **Dreamstime.com:** Anton Samsonov / iMac® is a trademark of Apple Inc., registered in the U.S. and other countries bc, Nataliya Hora cr; **NASA:** JPL bl; Back: akg-images: Hervé Champollion tl; **Alamy Stock Photo:** Granger Historical Picture Archive cla; **Dorling Kindersley:** R. Florio bc, The Science Museum, London tc, cb; **Getty Images:** SSPL cra; **NASA:** JPL-Caltech crb; **Wikipedia:** Gabriele Vanin clb

Cover images: Front: **123RF.com**: Dimitar Marinov / oorka fcr; Alamy Stock Photo: Ian Dagnall fcra, Marco Saracco crb; **Dorling Kindersley**: The National Railway Museum, York / Science Museum Group ca; **Dreamstime.com**: Andrey Eremin c, Kittipong Jirasukhanont bc; iStockphoto.com: Naumoid tr; **NASA:** cla, JPL-Caltech cra; Back: **Alamy Stock Photo**: Susan &amp Allan Parker tr, Victor Wallner cr; **Dorling Kindersley**: Peter Rowe and Dave Pearson of Kawazaki Robotics Ltd cl; **Front Flap: 123RF.com**: 8vfanrf clb; **Alamy Stock Photo**: Andrew Holt ca, epa european pressphoto agency b.v. c; **Dorling Kindersley**: bc, Andy Crawford cl, Vestergaard Frandsen ca/ (Lifestraw); **Getty Images**: Mark Runnacles cr; **University of Washington**: bl; Back Flap: **Getty Images**: Nash Photos clb; NASA: crb

我已经获取的知识：

工程师的种类

土木工程师

关键特征

土木工程师的工作是修建公路、桥梁、隧道以及建筑物。

大多数土木工程师与建筑工人、运输工人一起工作。

机械工程师

关键特征

机械工程师设计、制造机器。

过山车、太空望远镜还有机器人，都是由机械工程师制造的。

航空工程师

关键特征

航空工程师的工作是设计、研制飞行器。

飞机、直升机、火箭还有宇宙飞船，都是由航空工程师制造的。

软件工程师

关键特征

软件工程师的工作是设计电脑软件及设备。

电脑游戏、视频通话软件等，都是由软件工程师编程设计而成的。

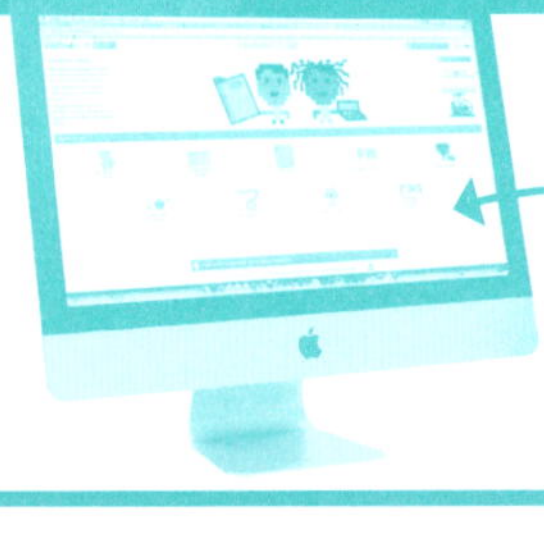